BEI GRIN MACHT SICH IHR WISSEN BEZAHLT

- Wir veröffentlichen Ihre Hausarbeit,
  Bachelor- und Masterarbeit

- Ihr eigenes eBook und Buch -
  weltweit in allen wichtigen Shops

- Verdienen Sie an jedem Verkauf

Jetzt bei www.GRIN.com hochladen
und kostenlos publizieren

Michael Dienst

Das nichtorthodoxe Beaufschlagungs-Bewegungsgeba-ren von Fischflossen

Intelligent Mechanics in Nature and Design

GRIN Verlag

Bibliografische Information der Deutschen Nationalbibliothek:

Die Deutsche Bibliothek verzeichnet diese Publikation in der Deutschen National-
bibliografie; detaillierte bibliografische Daten sind im Internet über http://dnb.d-
nb.de/ abrufbar.

Dieses Werk sowie alle darin enthaltenen einzelnen Beiträge und Abbildungen
sind urheberrechtlich geschützt. Jede Verwertung, die nicht ausdrücklich vom
Urheberrechtsschutz zugelassen ist, bedarf der vorherigen Zustimmung des Verla-
ges. Das gilt insbesondere für Vervielfältigungen, Bearbeitungen, Übersetzungen,
Mikroverfilmungen, Auswertungen durch Datenbanken und für die Einspeicherung
und Verarbeitung in elektronische Systeme. Alle Rechte, auch die des auszugsweisen
Nachdrucks, der fotomechanischen Wiedergabe (einschließlich Mikrokopie) sowie
der Auswertung durch Datenbanken oder ähnliche Einrichtungen, vorbehalten.

Impressum:

Copyright © 2015 GRIN Verlag GmbH
Druck und Bindung: Books on Demand GmbH, Norderstedt Germany
ISBN: 978-3-656-87545-1

GRIN - Your knowledge has value

Der GRIN Verlag publiziert seit 1998 wissenschaftliche Arbeiten von Studenten, Hochschullehrern und anderen Akademikern als eBook und gedrucktes Buch. Die Verlagswebsite www.grin.com ist die ideale Plattform zur Veröffentlichung von Hausarbeiten, Abschlussarbeiten, wissenschaftlichen Aufsätzen, Dissertationen und Fachbüchern.

Besuchen Sie uns im Internet:

http://www.grin.com/

http://www.facebook.com/grincom

http://www.twitter.com/grin_com

Das nichtorthodoxe Beaufschlagungs-Bewegungsgebaren von Fischflossen

Intelligent Mechanics in Nature and Design

Dipl.-Ing. Michael Dienst {MiDienst@bmoto.de}

Abstract. *The paper presents the state of the Systems Biology of rays in fin membranes of fish. The description of the functional geometry of the fin membrane is preceded by an anatomical taxis. Results of calculations and measurements for the mechanics of finrays are identified and a hypothesis of passive-adaptive fluid-structure-interaction of the fish fins with a vortex flow and /or inversion flow environment is formulated.*

Aufgabe der Bionik ist es, Prinzipien der belebten Natur zu entschlüsseln mit dem Ziel, diese auf Technik zu übertragen und neuartige Problemlösungen zu entwickeln [Rech-94][Bapp-99][Bech-97][Nach-98][Nach-00]. Der Biosystemanalyse kommt dabei eine entscheidende Rolle zu; sie liefert den Stoff, aus dem die Bionik Innovationen generiert.

Die Strahlenflosser[1] sind eine sehr erfolgreiche Klasse der Knochenfische[2]. Zu den Echten Knochenfischen zählen mit ca. 30.000 bekannten rezenten Arten über 96 Prozent aller lebenden Fischarten und damit etwa die Hälfte aller beschriebenen Wirbeltierarten. Ihre Anatomie und die Mechanik ihres Bewegungsapparates ist Gegenstand zahlreicher Studien. Dennoch ist die beträchtliche Vielfalt von Funktion und Design der namensgebenden Flossenstrahlen, ihr evolutiver Werdegang, das individuelle Wachstum und die Differenzierung während der Individualentwicklung wenig erforscht.
Zuordnungen von Merkmalen und Funktionen der Flossenstrahlen verschiedener Arten mit unterschiedlichen Fähigkeiten und Gewohnheiten, wie Jagen, Flüchten, Wühlen oder verschiedene Schwimmstile sind teilweise noch völlig unbekannt.

Betrachten wir die Fischflosse im Kontext Fischkörpers. Flossenstrahlen sind Teil des Wirbeltierskeletts, welches eine Serie fester, gelenkiger (Skelett-) Elemente bildet, die in Zusammenarbeit mit den Muskeln für die Fortbewegung des Wesens wichtig sind.
Vor dem Hintergrund der evolutionsbiologischen Entwicklung der Wirbeltiere ist die Wirbelsäule älter als jeder Teil des postcranialen[3] Skeletts.

---

[1] Actinopterygii. Strahlenflosser (Actinopterygii) sind eine Klasse der Knochenfische (Osteichthyes).
[2] Osteichthyes. Knochenfische (Osteichthyes) oder Knochenfische im weiteren Sinne sind diejenigen Fischgruppen, deren Skelett im Gegensatz zu dem der Knorpelfische (Chondrichthyes) vollständig oder teilweise verknöchert ist. Von den Osteichthyes sind die Knochenfische im engeren Sinne, die Echten Knochenfische (Teleostei), zu unterscheiden.
[3] cranial. Richtungsbezeichnung in der Anatomie. Cranial (cranium = Kopf) bedeutet schädelwärts oder den Schädel betreffend.

Die Wirbel der Knochenfische haben meistens ein zentrales Element, einen Neuralbogen mit einem Fortsatz und im Schwanz einen Hämalbogen[4] mit Fortsatz [W-01][W-02][W-03][W-04]. Über den Ursprung der Extremitäten der Fische herrscht trotz neuer Fossilien, verbesserten Methoden und hoch entwickelter phylogenetischer Analyse bis heute kein Konsens unter den Evolutionsbiologen.

In den frühen 1880er Jahren postulierten verschiedene Anatomen, dass der ursprüngliche Vertebrat kontinuierliche, paarige Seitenflossen von den Kiemen bis zur Kloake hatte, so genannte Flossensäume [Hild-01]. Man nahm an, dass die Flossen moderner Fische Segmente solcher ursprünglich kontinuierlichen Flossensäume darstellen. Moderne Flossensäume tragende Wasserlebewesen sind beispielsweise Aale und Neunaugen.

Das Genom des Meerneunauges[5] wurde kürzlich entziffert [W-10]. Dass Neunaugen Wirbeltiere sind, zeigen unter anderem ihr knorpeliges inneres Skelett sowie die Struktur ihres Gehirns. Neunaugen stellen die einzigen Überlebenden einer uralten evolutionären Linie der Wirbeltiere dar.

Die sichtbare Membran der Fischflosse wurde im Laufe der Evolution möglicherweise ursprünglich nur von dermalen Schuppen in der sie bedeckenden Haut gestützt. Die Flossen höher entwickelter Knochenfische wurden im inneren Bereich durch eine Reihe schlanker Flossenstrahlen stabilisiert. Grundsätzlich sind die Flossenstrahlen der Knorpelfische schlank, nicht gegliedert und elastisch und heißen Ceratotrichia[6]. Flossenstrahlen der Knochenfische sind breiter, geglie-dert, proximal paarig, distal verzweigt und verknöchert und heißen Lepidotrichia[7], Sie werden evolutionsbiologisch von Schuppen abgeleitet beschrieben[W-06][W-06][Hild-01]. Die Schwanzflosse der Strahlenflos-ser wrd innerhalb ihrer fleischigen Basis von mehreren (modifizierten) Neuralbögen (Epuralia) , Haemalbögen (Hypuralia[8]) und Fortsätzen unterstützt.

Die kaudale Flosse dient den Fischen zur Vortriebskrafterzeugung, zur Stabilisierung der antriebslosen geradlinigen Fortbewegung und zum Manövrieren. Wenn das Tier in seiner fluidischen Umgebung Inhomogenitäten auffindet, also ein Geschwindigkeitsfeld oder einen geeigneten Druckgradienten, kann es dies zur eigenen Mobilität nutzen.

James Liao von der Harvard University in Cambridge (Massachusetts) baute in einem Tank eine Unterwasserlandschaft nach und untersuchte das Schwimmverhalten der Tiere, denen sie Elektroden an den Flossen anbrachten[9]. und kamen zu dem Ergebnis, dass die Fische sich

---

[4] Hämalbögen, auch Hämalrippen oder Hämapophysen genannt, sind ventrale (bauchwärts orientierte) Rippen der Schwanzwirbelsäule. Fische haben an allen Wirbeln Rippen.

[5] Entschlüsselung des Genom des Meerneunauges (Petromyzon marinus) in Nature Genetics 45, S. 415 – 421, 2013.

[6] ceratotrichia. (english) Slender soft or stiff filaments of an elastic protein, superficially resembling keratin or horn (from the Greek keratos, horn, and trichos), hair. Ceratotrichia run in parallel and radial to the fin base and support the fin webs.

[7] lepidotrichia (uncountable, zoology) dermal elements located at the distal margin of fins. Das Erbgut der Neunaugen.. Jeramiah Smith von der University of Kentucky in "Nature Genetics

[8] Hypuralia sind Stützelemente aus dem Schwanzflossenskelett der Echten Knochenfische (Teleostei). Sie bestehen aus vergrößerten Hämalbögen der Schwanzwirbel und bilden den Ansatz der Schwanzflossenstrahlen

[9] [Liao-03] Liao. James (2003) Fish Exploiting Vortices Decrease Muscle Activity. "Science", Bd. 302, Seiten 1566 - 1569, vom 28. November 2003 und "Fish Flap in the Breeze" von Ulrike Müller von der niederländischen Wageningen Universiteit. The interaction of oncoming vorticity with a fin is a basic problem in the study of vorticity control mechanisms; its principles are of great importance to understanding fish swimming and maneuvering. As identified in Gopalkrishnan et al (1994), Streitlien et al (1996), and Anderson (1996), a

im Zickzack von Wirbel zu Wirbel hangelten und für diese Art der Fortbewegung nur relativ geringe Muskelkraft brauchten [W-07].

Das Zusammenspiel und Wechselwirken von in einer Strömung transportierten Wirbeln mit einer Flossenmembran ist ein grundsätzliches Phänomen wirbel- und inversionsbehafteter Strömung und Gegenstand der Analyse der aktiven und passiven Wirbelkontroll-mechanismen von Wasserlebewesen.

Die Prinzipien der Wirbelkontrolle sind von großer Bedeutung für das Verständnis dafür, wie Fische schwimmen und manövrieren. Nach Gopalkrishnan et al (1994), Streitlien et al (1996) und Anderson (1996), kann ein harmonisch oszillierender Tragflügel in einer mit großen Wirbeln behafteten Strömung vorteilhaft interagieren und Schub erzeugen, wenn sowohl die Wirbelgröße und die Frequenz des harmonisch oszillierendes Profil in der Strömung fitten, also schwingungsharmonisch aufeinander passen. Fluid-Struktur-Interaktion von flexiblen Körpern in wirbelbehafteten Strömungen ist Gegenstand der rezenter Forschung [Gopa-94][Read-02][Ande-99][Albe-09][Liao-06][Tria-02][Floc-09][Stre-96].

Betrachten wir den Impulsaustausch mit dem Medium über die Membrantragfläche der Fischflosse. Beim Energietransfer kann die Die Fluid-Struktur-Wechselwirkung produktiv oder generativ sein. Bei einer produktiven Wechselwirkung arbeitet die Flossenmembran als Krafttragfläche und koppelt Energie aus der Strömung in die Membran ein. Bei einer generativen Fluid-Struktur-Interaktion wirkt die Flossenmembran als Arbeitsfläche und koppelt Energie aus der Struktur in das Fluid ein. Produktion und Generation können in einem zeitlich-örtlich ineinander verschränkten, komplexen Gesamtgeschehen stattfinden. Anders als in der Technik, wo der Energie- und Informationsaustausch an Kraft- und Arbeitstragflächen vergleichsweise eindeutig beschrieben und zugeordnet werden kann, stellen sich biologische Tragflügelkonstruktionen als komplexe, zur Rückkopplung und zur Adaption fähige Multifunktionssysteme dar. Diese sind optimiert und in der Lage, ihre fluidische Umgebung zu kontrollieren, gestaltend auf sie einzuwirken und sie für ihre Transport- und Mobilitätsbelange zu konditionieren.

Lauder stellt zusammenfassend fest, dass in einer Strömung transportierten Wirbeln die Fluid-Struktur-Wechselwirkung mit einer Flossenmembran generativ ist, wenn es die Membran schafft, den zeitlichen Ablauf einer Körperbewegung auszuführen, die die Form einer Karman'schen Wirbelstraße aufweist. Die Fluid-Struktur-Wechselwirkung eines Wirbels mit einer Flossenmembran ist produktiv, wenn es die Membran schafft, den zeitlichen Ablauf einer Körperbewegung auszuführen, die die Form einer umgekehrten Karman'schen Wirbelstraße aufweist.

Periodizität, Frequenz, Phase und Drehrichtung der von in einer Strömung zu einer Flossenmembran transportierten Wirbelgebilde hat erheblichen Einfluss auf die Qualität der Fluid-Struktur-Wechselwirkung mit der Flossenmembran. Aus der Sichtweise der Bionik stellen strömungsadaptive Tragflächenprofile nach dem Vorbild fluidischer Biosysteme eine Möglichkeit passiven Strömungskontrolle dar. Dies macht eine tief greifende Forschung auf dem Gebiet erforderlich.

---

harmonically oscillating foil may interact with oncoming large-scale vortices, which have a typical core size that is comparable with the foil chord.

In mehreren Forschungsvorhaben der Beuth Hochschule für Technik Berlin wurden seit 2006 die biologistischen Hintergründe "intelligenter Mechanik" betrachtet, an der Wirkungsweise biologischer Flossen die prinzipielle Lösung für autoadaptive Profile herausgearbeitet, erste technische intelligente Kinematiken entworfen [MIR-05], numerische Lösungsansätze erarbeitet [KRE-08], Systeme mit Fluid-Struktur-Wechselwirkung untersucht [Sie-10],[Sie-11] und Patente über belastungsadaptive Bauteile angemeldet [USP-12][DEP-11].

Numerische Modelle der Fluid-Struktur-Wechselwirkung vom Stand der Technik existieren nur für ausgesuchte Randbedingungen. Im Rahmen zukünftiger Forschungsvorhaben ist deshalb eine Prozesskette zu entwickeln, die die Lösungen von Körperverformung (Finite Element Methode, FEM) und Strömungsgebiet (Computational Fluid Dynamics, CFD) in einem gemeinsamen Simulationsansatz unter den speziellen Bedingungen hochkomplexer dynamische Außenumströmung miteinander koppelt (Fluid Structure Interaction, FSI). Simulations- und Berechnungsergebnisse stellen die Basis für den Entwurf realer Strömungsbauteile dar.

Stand der Wissenschaft. Fischflossen sind Propulsionssysteme mit hohem Wirkungsgrad und in der Lage, über den gesamten Zyklus des Flossenschlages eine optimale Form bereitzustellen. Flossen sind die Systemgrenze zwischen dem strukturellen Antriebsapparat des Lebewesens und dem umgebenden Fluid. Durch ihre besondere innere Gestalt reagiert die Fischflosse passiv und ohne kognitiven Kontrollaufwand des Lebewesens auf unterschiedlichste Anströmsituationen. Diese, der Gestalt des Biosystems innewohnende "intelligente Mechanik" ist Gegenstand rezenter Forschung und leistet einen Beitrag der Analyse der Lokomotion fluidischer Lebewesen im Allgemeinen den Bewegungsapparat des Fisches im Besonderen zu verstehen im Sinne der Bionik.

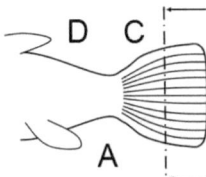

Abbildung 1. Kaudale Finne C, anale und dorsale Finne A und D. Schnittebene (für Skizze in Abb.3).

Flossen bestehen aus einer Membrantragfläche (Flossenhaut), die durch Flossenstrahlen nichtisotrop stabilisiert ist. In der Muskulatur werden die Flossenstrahlen mit Flossenstrahlträgern verankert. Die Architektur dieser Struktur stellt eine ausgewogene Kombination aus Steifigkeit und Flexibilität dar und ermöglicht dem Lebewesen eine fein abgestimmte hydrodynamische Interaktion mit seiner Umgebung.

Die Flossenstrahlen der Knochenfische werden nach Stachelstrahlen (hart) und Gliederstrahlen (weich) unterschieden. Hartstrahlen sind ungegliederte, meist glatte Knochenstückchen, Weichstrahlen bestehen aus zwei miteinander verwachsenen Hälften. Bei den Weichstrahlen wird zwischen (1) ungeteilt, ungegliedert, stachelartig und (2) ungeteilt, gegliedert und (3) fächerartig geteilt, gegliedert unterschieden. Die schematische Skizze, Abbildung 1 zeigt die kaudale Finne C, die anale und dorsale Finne A und D.

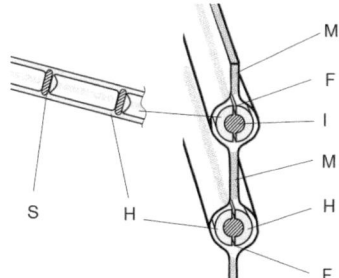

Abbildung 2. Schematische Darstellung einer flossenstrahlen-bewährten Flossenmembran. Steg S, Halbtube H, Membran M, Fuge F und Inlet I.

Man darf sich die Weichstrahlen der kaudalen Fischflosse - nachfolgend nur Flossenstrahlen genannt - wie zwei in einem gewissen Abstand mit Stegen S verbundene, gegliederte Halbtuben H vorstellen. Das Halbtubensystem besitzt ein galertes Inlet I das den Raum zwischen Halbtuben und Stegen füllt. Die Membran M ummantelt die Halbtuben, die an Fugen F bedingt aufeinander gleiten können; schematische Skizze in Abbildung 2.

Fischflossenstrahlen sind bilaterale Strukturen. Die beiden Hälften eines jeden Strahls können in einem gewissen Maß aneinander vorbeigleiten. Die Verschiebebewegung erfolgt als Reaktion äußerer Belastung und/oder wenn die Basen des Flossenstrahlensystems die Flossen-muskeln an der Wurzel der Flossenstrahlen bewegt werden.
Die umgebende Membran - die Flossenhaut - bildet Taschen aus, welche die Halbtuben der Flossenstrahlen ummanteln und diese zu einem kompakten Quasi-Rundmaterial fügen und radial stabilisieren. An den Stegen S sind die beiden Halbtuben mechanisch miteinander zu dem beschriebenen Tubensystem verkoppelt. Membran mit Membrantaschen und Tubensysteme, respektive Flossenhaut und Flossen-strahlen bilden eine dreidimensionale Tragfläche mit anisotropen Eigenschaften aus.

Grundsätzlich sind Fische in der Lage, mit den Flossenmuskeln an der Wurzel der Flossenstrahlen aktiv die Krümmung jedes einzelnen Flossenstrahls zu steuern und damit die Krümmungsgeometrie der gesamten Membran in einer sehr komplexen Weise zu formen. Die entscheidende kinematische Eigenschaft der Flossenstrahlen durchsetzten Flossenhaut-membran, eine so genannte "nichtorthodoxe" Belastungs- Verformungs-Wechselwirkung auszuführen, beruht auf den in einem regelmäßigen Rapport durch Stege verbundenen und durch die Flossenhaut radial gebundenen Halbtubensystemen. Unter einer horizontal zur Hauptachse des Wesens und damit senkrecht auf die Tubensysteme wirkenden Streckenlast führen die Flossenstrahlen eine elastische, konkave Verformung aus, deren Krümmung der Belastungsrichtung entgegengerichtet ist. Gewohnt, rein intuitiv einer so einfachen Balkenlast ein konvexes Ausweichen zuzuordnen, erscheint uns dieses konkave Belastungs-Verformungs-Regime auf den ersten Blick paradox. Die Skizze, Abbildung 3 zeigt die Finne einer (toten) Makrele unter Punktlast.

Ist der Impulsaustausch an der Membranoberfläche kaudalen Finne sehr groß, verhält sich die biologische Leit- und Steuerfläche biegeflexibel, nachgiebig- elastisch und kann einer nichtaxialen Anströmung ausweichen. Die Beaufschlagungs- Formänderungs- Wechsel-wirkung korreliert mit der Richtung der beaufschlagenden Kraft im Sinne eines konventionellen Belastungs- Verformungsregimes. Sich konventionell verformende Bauteile verhalten sich mechanisch orthodox. Im Normalbetrieb allerdings, technisch gesprochen im "Auslegungsbereich des Strömungsbauteils" zeigt die Fischflosse ein mechanisch nichtorthodoxes, ja paradoxes Verformungsgebaren: die eine der Krafteinleitungsrichtung entgegenwirkende Verformung realisieren paradoxe Beaufschlagungs- Formänderungs- Interaktionen.

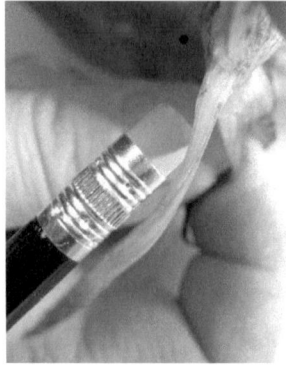

Abbildung 3.
Das nichtorthodoxe Beaufschagungs-Bewegungs-Gebaren einer Makrelenfinne.

Theoretische Untersuchungen und Messungen. Ein Berechnungsmodell für die Krümmung entlang des Flossenstrahls Strahls unter Belastung hydrodynamischer (äußerer) Kräfte wurde von McCutchen vorgeschlagen. Die von der biologischen Flosse im Fortbewegungsbetrieb auftretenden Belastungen können eine punktförmige Kraft an einer beliebigen Stelle entlang des Flossenstrahls von der Wurzel bis zu Flossenstrahlspitze bis zu einer hochkomplex verteilten Last während der hydrodynamischen Interaktion betreffen [McCu-70].

In einer grundlegenden Arbeit von Alben, Madden und Lauder, die auf die Erkenntnisse von McCutchen aufbauen, werden die mechanischen Eigenschaften von Flossenstrahlen untersucht. Ziel ist es hier, auf der Basis eines linear-elastischen Modells jene Verformung der Flossenstrahlen vorauszusagen, die sich unter Muskeltätigkeit zur Vortriebskrafterzeugung beim Schwimmen, zur Stabilisierung der antriebslosen geradlinigen Fortbewegung, zum Manövrieren und unter dem Einfluss aller äußeren Kräfte ergibt.
Die theoretischen Ergebnisse werden mit den Auswertungen von Messungen des Kraft-Weg-Verhaltens realer Flossenstrahlen verglichen. Im Vordergrund stehen Fragestellungen hinsichtlich der von der komplexen Funktion angepassten Geometrie im Zusammenwirken mit den Materialeigenschaften der Flossenstrahlen [Albe-06]. Das Flossenstrahlenmodell basiert auf der vereinfachenden Annahme der Bewegungsgleichunen eines symmetrischen nicht dehnbaren Balkenpaares unter Belastung (elastischen Theorie). Die zwischen den Balken befindliche dünne Schicht eines Materials nimmt Einfluss auf die Formen, die die elastischen Flossenstrahlen annehmen können. In den tatsächlichen Flossenstrahlen ist die Substanz im Innern ein Kollagen-Gel-Netzwerk mit komplizierten bislang nicht experimentell verifizierten Eigenschaften [Antm-05] [Batc-67] [Sege-87]. Die Messungen werden an einem an der Wurzel fest eingespannten Flossenstrahl durchgeführt. Dabei wird eine Position an der Basis des Flossenstahls gewählt, an dem eine vollständige Segmentierung beginnt. Dem Flossenstrahl besitzt an der Wurzel eine Vorauslenkung, analog zu einer durch den

Flossenmuskel aufgeprägten Verschiebekraft. Diesem Lastfall gilt das vornehme Interesse der Arbeitsgruppe um Lauder. Gemessen wird die Verschiebung aus der zentralen (unbelasteten) Mittellage mit einer fotometrischen Methode. Die geometrischen Parameter werden direkt aus den graphischen Darstellungen ermittelt. Die Flossenstrahlen haben eine annähernd zylindrische Geometrie. Vergleicht man nun die Lösung theoretischer Modell und Messergebnisse tatsächliche Flossenstrahlen unter Belastung unter einer punktförmigen Last, kommt es durchaus zu erheblichen Unterschieden der sich einstellenden Krümmung des Flossenstrahls. Lauder kann sich diese Diskrepanz aus den nichtlinearen elastischen Eigenschaften des tatsächlichen Flossenstrahls erklären.

Fazit. Der Stand der Erkenntnisse über das anatomische Design, die Funktionen und insbesondere über das Beaufschlagungs-Bewegungs-Gebaren der kaudalen Fischflosse ist unzureichend. Eine zukünftige Forschung auf dem Gebiet der nichtorthodoxen Fluid-Struktur-Wechselwirkung mit dem Ziel, im Sinne der Bionik biologische Phänomene zu entschlüsseln und auf Technik zu übertragen, sollte daher eine vielschichtige Analyse der Prinzipien intelligenter Mechanik in Flossenstrahlenbewehrten Membrantragflächen auf der Grundlage von Experimenten am realen System und mit der Unterstützung von Computer-modellen vorangestellt werden.

Bibliographie, weiterführende Literatur, Patente und Internet-Links

[Albe-09]   Alben, S. (2009) On the swimming of a flexible body in a vortex street. in J. Fluid Mech. (2009), vol. 635, pp. 27–45. Cambridge University Press 2009

[Albe-06]   Alben, S., Madden, P.G., Lauder, V.L. (2006) The mechanics of active fin-shape control in ray finned fishes. Journal of the Royal Society. Interface Vol.: 2007/4, S. 243-256.

[Ande-99]   Anderson, J.M. (1999) NEAR-BODY FLOW DYNAMICS IN SWIMMING FISH, The Journal of Experimental Biology 202, 2303–2327 (1999)

[Antm-05]   Antman S.S. (2005) Nonlinear problems of elasticity. 2nd edn. Springer; New York, NY.

[Batc-67]   Batchelor G.K. (1967) An introduction to fluid dynamics, 1st edn. Cambridge University Press; Cambridge, UK.

[Bann-02]   Bannasch, Rudolph. (2002) Vorbild Natur. In: design report 9/02, S.20ff. Blue.C Verlag Stuttgart.

[Bapp-99]   Bappert, R. Bionik, (1999) Zukunftstechnik lernt von der Natur. SiemensForum München/Berlin und Landesmuseum für Technik und Arbeit (Herausgeber).

[Barg-11]   Bagaric, B. (2011). Modellierung, Simulation und Parametrisierung eines virtuellen Strömungskanals mit dem Programmsystem FS-Flow. Untersuchung typischer Szenarien endlicher Traglügel. Bachelorarbeit, BeuthHS Berlin (082011).

[Bech-93]   Bechert, D.W.: Verminderung des Strömungswiderstandes durch bionische Oberflächen. In: VDI-Technologieanalyse Bionik, S. 74 – 77. VDI-Technologie-zentrum Düsseldorf 1993.

[Bech-97]   Bechert, D.W., Biological Surfaces and their Technological Application. 28th AIAA Fluid Dynamics Conference: 1997

Floc-09]	France Floch,F. Laurens, J.M. (2009) Comparison of hydrodynamics performances of a porpoising foil and a propeller. in: First International Symposium on Marine Propulsors smp'09, Trondheim, Norway, June 2009
[Gopa-94]	Gopalkrishnan, R.(1994) Active vorticity control in a shear flow using a flapping foil. in J. Fluid Mech. (1994), vol. 274, pp. 1-21 Cambridge University Press.
[Hild-01]	Hildebrand, M., Goslow, G.E., (2001) Vergleichende und funktionelle Anatomie der Wirbeltiere. Springer Verlag Berlin, N.Y.
[Liao-03]	Liao, J.C.; Beal, D.; Lauder, G.; Triantayllou, M. (2003): Fish Exploting Vortices Decrease Muscle Activty, In: Science 2003, S. 1566-1569. AAAS.
[Liao-06]	Liao, J.C.; Passive propulsion in vortex wakes. in J. Fluid Mech. (2006), vol. 549, pp. 385–402. c_ 2006 Cambridge University Press
[Kreb-08-2]	Krebber, B. (2008): "i-mech". Untersuchung der intelligenten Mechanik von Fischflossen mit Hilfe von FSI- Simulation. Forschungsbericht der Technischen Fachhochschule Berlin 2007/08
[Kreb-08-1]	Krebber, B., H.-D. Kleinschrodt und K. Hochkirch: (2008) Fluid-Struktur-Simulation zur Untersuchung intelligenter Mechanik von Fischflossen. ANSYS Conference & 26. CADFEM Users´ Meeting,
[McCu-70]	McCutchen C.W. (1970) The trout tail fin, a self-cambering hydrofoil. J. Biomech. 1970/3, S. 271–281.
[Nach-98]	Nachtigall, W.: Bionik. Grundlagen und Beispiele für Ingenieure und Naturwissenschaftler. Springer-Verlag, Berlin-Heidelberg-New York 1998.
[Nach-00]	Nachtigall, W.; Blüchel, K. Das große Buch der Bionik. Stuttgart: Deutsche Verlags Anstalt: 2000.
[Mirs-05]	Mirtsch, F.; Dienst, M.: FlowBow-Artifizielle adaptive Strömungskörper nach dem Vorbild der Natur. In: Forschungsbericht der Technischen Fachhochschule Berlin 2005
[PaBe-93]	Pahl. G.; Beitz, W.: Konstruktionslehre, 3.Auflage. Berlin- Heidelberg- New York-London-Paris-Tokio: Springer 1993
[Pfeif-07]	Pfeiffer,Rolf; Bongard, Josh (2007): How the body shapes the way we think, The MIT Press
[Read-02]	D.A. Read (2002) Forces on oscillating foils for propulsion and maneuvering, in Journal of Fluids and Structures 17 (2003) 163–183 Cambridge Univ. Press
[Rech-94]	Rechenberg, Ingo, (1994) Evolutionsstrategie. Frommann Holzboog Verlag Stuttgart- Bad Cannstatt.
[Sege-87]	Segel, L.A. (1987) Mathematics applied to continuum mechanics. 1st edn. Dover Publications; New York, NY.
[Siew-10]	Siewert, M; Kleinschrodt, H-D; Krebber, B; Dienst, Mi. (2010) FSI- Analyse auto-adaptiver Profile für Strömungsleitflächen. In: Tagungsband, ANSYS Conference & 28th CADFEM Users' Meeting Aachen 2010.
[Siew-11]	Siewert, M; Kleinschrodt, H-D.(2011) Bionical Morphological Computation. In: Nachhaltige Forschung in Wachstumsbereichen Bd.1, Logos Verlag Berlin.
[Stre-96]	Streitlien, K. (1996) Efficient foil propulsion through vortex control, Aiaa Journal - AIAA J , vol. 34, no. 11, pp. 2315-2319, 1996
[Tria-95]	Triantafyllou, M. (1995): Effizienter Flossenantrieb für Schwimmroboter, Spektrum der Wissenschaft 08-1995, S. 66–73, Wiss. Verlagsges. mbH, Heidelberg 1995.

[Tria-02]   Triantafyllou, M. (2002) Vorticity Control in Fish-like Propulsion and
             Maneuvering, INTEGR. COMP. BIOL., 42:1026–1031 (2002)
[USP-12]   US Patent 13517181, Components Designed to be Loadadaptive, Dienst
             (2012).
[DEP-11]   DE Patent 2010/075164, Belastungsadaptiv ausgebildete Bauteile, Dienst
             (2011).
[USP-08]   US Patent US20110281479. Flexible impact blade with drive device for a
             flexible impact blade. Kniese, L. Bannasch, R. (2008).
[USP-13]   US Patent US20100263803. Door Element. Kniese, L. Bannasch, R. (2008).
[USP-10]   US Patent US8333417 B2. Manipulator tool and holding and/or expanding
             tool with at least one manipulator tool, . Kniese, L., Bannasch, R. (2010).

[W-01]   http://de.wikipedia.org/wiki/Strahlenflosser.(abgerufen27052013)
[W-02]   http://en.wikipedia.org/wiki/Osteichthyes.(abgerufen27052013)
[W-03]   http://www.pflegewiki.de/wiki/Cranial.(abgerufen27052013)
[W-04]   http://de.wikipedia.org/wiki/H%C3%A4malbogen. (abgerufen27052013)
[W-06]   http://fishbase.mnhn.fr/glossary/Glossary.php?q=ceratotrichia (abgerufen
          27052013)
[W-07]   http://en.wiktionary.org/wiki/lepidotrichia (abgerufen 27052013)
[w-08]   http://sciencev1.orf.at/news/97597.html, Fische kreuzen energiesparend
          gegen den Strom. (abgerufen 27052013)
[W-10]   http://www.spiegel.de/wissenschaft/natur/neunauge-genom-entschluesselt-
          a-884712.html (abgerufen 28052013)

Bilder und Bildnachweise

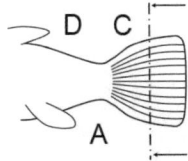

Abbildung 1. Kaudale Finne C, anale und dorsale Finne A und D.
Skizze Mi. Dienst (2013)

Abbildung 2. Schematische Darstellung einer Flossenstrahlenbewährten Flossenmembran.
Steg S, Halbtube H, Membran M, Fuge F und Inlet I.
Skizze Mi. Dienst (2013)

Abbildung 3. nichtorthodoxes Beaufschagungs-Bewegungs-Verhalten einer Makrelenfinne.
Fotographische Darstellung, Mi. Dienst (2008)

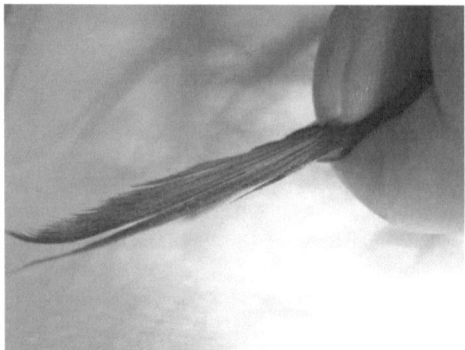

Abbildung 4. Makrelenfinne.
Fotographische Darstellung, Mi. Dienst (2008)

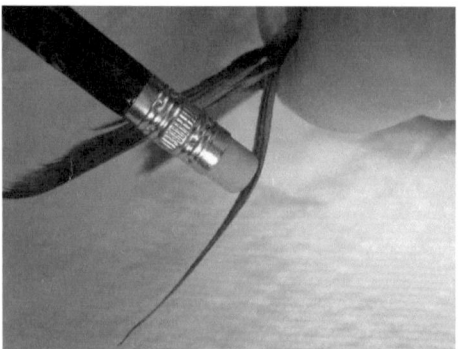

Abbildung 5. nichtorthodoxes Beaufschagungs-Bewegungs-Verhalten einer Makrelenfinne.
Fotographische Darstellung, Mi. Dienst (2008)

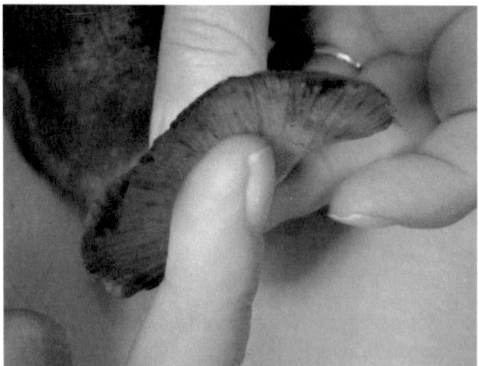

Abbildung 6. Beaufschagungs-Bewegungs-Verhalten einer Forellenfinne.
Fotographische Darstellung, Mi. Dienst (2008)